北极熊
科普佳作丛书
赵致真 / 主编

动物世界

[苏] 叶甫根尼 · 查鲁欣 / 著
赵致真 / 译

U1002225

长江出版传媒
长江少年儿童出版社

图书在版编目（CIP）数据

动物世界 / (苏) 叶甫根尼·查鲁欣著 ; 赵致真译 . 武汉 : 长江少年儿童出版社 , 2025. 2. — (北极熊科普佳作丛书 / 赵致真主编). — ISBN 978-7-5721-5396-9

Ⅰ. Q95-49

中国国家版本馆 CIP 数据核字第 2024G0M760 号

北极熊科普佳作丛书·动物世界

BEIJIXIONG KEPU JIAZUO CONGSHU · DONGWU SHIJIE

出 品 人：何　龙
策　　划：何少华　傅　箎　谢瑞峰
责任编辑：黄　凰
责任校对：邓晓素
出版发行：长江少年儿童出版社
业务电话：027-87679199
网　　址：http://www.cjcpg.com
承 印 厂：武汉精一佳印刷有限公司
经　　销：新华书店湖北发行所
规　　格：720 毫米 ×970 毫米 16 开
印　　张：9
字　　数：135 千字
版　　次：2025 年 2 月第 1 版
印　　次：2025 年 2 月第 1 次印刷
书　　号：ISBN 978-7-5721-5396-9
定　　价：32.00 元

本书如有印装质量问题，可联系承印厂调换。

编撰人员

策　　划：雷元亮　武际可

顾　　问：卞毓麟　金振蓉　尹传红

主　　编：赵致真

编委会

战　钊　胡珉琦　陈　静　傅　篪

彭永东　张　戟　梁　伟　高淑敏

武汉广播电视台《科技之光》

前 言

老人在外面遇到好吃的东西，总想带回去给孩子们尝尝。如果碰巧遇到自己小时候最喜爱的美食，而且市面上已经多年罕见，就更会兴奋不已和留恋不舍——我这几年来忙着张罗出版“北极熊科普佳作丛书”，心情便大抵如此。

1956年，我在武汉市第二十一中学读初中，每天下午4点放学后，便急急赶到对面的武汉图书馆。阅读的内容丰富而单纯，全是清一色的苏联科普读物。管理员阿姨也对我这个痴迷的小读者另眼相看，总能笑眯眯地把我前一天没读完的书取过来。每逢当月的《知识就是力量》《科学画报》出版，或者图书馆进了新书，管理员阿姨便拿给我先睹为快。正是其中的苏联科普作品，开阔了我少年时的眼界和心胸，启发了我最早的疑问和思考，培养了我对科学终生的兴趣和热爱。我对苏联科普作品的“情结”是其来有自的。

有次和叶永烈老师闲聊，原来他也曾经是苏联科普大师伊林和别莱利曼的忠实粉丝。后来我才知道，我国的科普前辈高士其、董纯才、陶行知、顾均正等，无不深受苏联科普作品的熏染。饮水思源，寻根返本，正是苏联科普作品哺育过中国一代科普人。

此后随着世事变迁，苏联科普作品在中国几乎销声匿迹了。待到改革开放，我们科普出版界的主要兴趣和目光投向了美国、英国。我自己也是阿西莫夫、萨根、霍金的热烈追捧者。而苏联在1991年解体，加上我国俄语人才锐减，苏联科普作品在中国就更是清水冷灶，鲜见寡闻了。

也算是机缘巧合，当我从事科普写作需要查阅大量资料文献时，“淘书”嗜好的“主场”渐渐转到了互联网。经过多年积累，我的磁盘里已经储存了万余册电子书。出乎意料的是，我竟然通过不同方式和渠道，陆续获得了近千本苏联科普图书，而且全是英语版。可见当年苏联多么重视国际文化交流。

久违如隔世，阔别一花甲！我在电脑上遍览这些“倘来之宝”，大有重逢故知的感慨。苏联科普作品的风格和特色我一时总结不出来，却能立刻体验到稔熟的气息和味道。这些作品大都出版于20世纪70至80年代，当时苏联和美国的科技并驾齐驱，也是苏联解体前科普创作的黄金岁月。如此重要的历史阶段，如此大量的文明成果，在中国却少有记载，无论出于怎样的阴差阳错，都是一种缺失和遗憾。

姑且不谈为了中国科普出版物的时代连续性和文化完整性，应该补上这个漏洞和短板，但说纠正青少年精神营养的长期偏食，提高科普图书的均衡性和多样性，也是非常必要的。在美、英科普读物之外，我们还应该展现更多的流派和传统，提供其他的参照系和信息源。

诚然，几十年间人类的科技发展一日千里，但关于科学史、科学家、科学基本原理和思想方法的书籍不会过时。我特别欣赏苏联科普作品知识性和可读性的统一：浓郁深切的人文情怀，亦庄亦谐的高尚情趣，触类旁通的广度厚度，推心掬诚的平等姿态。尤其是那些美不胜收、过目难忘的生动插图，大都出自懂得科学的著名画家之手，令人不由怀念起中国科普画家缪印堂先生。

最初我选定的“北极熊科普佳作丛书”是50本，分为“高中卷”“初中卷”“小学卷”“学前卷”。感谢中国出版协会理事长邬书林、国家广电总局老领导雷元亮鼎力支持、指津解难；中国文字著作权协会帮助寻找版权人，并代为提存预支稿酬；科普界师友武际可、卞毓麟、尹传红等同心协力、出谋划策；长江少年儿童出版社何龙社长则独具慧眼、一力担当。我们决定按照“低开、广谱、彩图”的标准，首次出13册，先投石探路，再从长计议。并从封面到封底，保持原汁原味的版式，以便读者去权衡得失和斟酌损益。

在这13本小书即将付梓之际，原书作者都已去世，原出版社也消失了，连国家都解体了，作品却成为永恒的独立生命。这就是书籍的力量。

此时，我又感觉自己更像一只义不容辞的蜜蜂，在伙伴面前急切而笨拙地跳一通8字舞，来报告发现花丛的方向和路径。

赵致真

2021年8月于北京

目录

森林动物 /29

庭院动物 /51

野生动物的保护色 /75

不用工具的建筑师 /99

海洋巨无霸 /115

动物世界

[苏] 叶甫根尼·查鲁欣 / 著

热带和寒带地区的动物

狮子

斑马，你们这些漂亮的条纹马，赶紧逃命吧！羚羊，能逃多快就多快！水牛，小心点儿！

狮子出来觅食了！

一声怒吼，如雷霆般的轰鸣，滚过灌木丛。所有的动物都飞速躲藏。

狮子是最强壮、最可怕的动物之一。它有锋利的爪子和巨型的牙齿。这次的受害者会是谁？

企鹅

企鹅与其他鸟类不同。它们在水中“飞行”，而不是在空中。它们潜入水里后，开始用力拍打短翅膀，能游得比鱼还快。它们以一种非常有趣的方式在地上行走——身体挺直，从远处看，很容易被误认为是穿着燕尾服和白色马甲的绅士。

有一天，一艘蒸汽船漂入了陌生的冰冷水域。水手们看到了远处的陆地。当船靠近陆地时，他们发现岸边站满了一排排人。等他们更往前，这些人突然都翻入水中——所有的人一起，一个也不剩！

直到此时，水手们才猜出它们是企鹅。

鲸

鲸是世界上最大的动物。

它生活在海里，像鱼一样游泳。它跟踪鱼群。这种追逐可能会把它带到北方——那里只有冰雪；或者南方——那里一年四季都很热。

它喝上一大口水，连同鱼一起吸入，用鲸须把水滤出去，再把留下的鱼吃掉。鲸须就是长在鲸上颚的两排梳状角质板。

象

当象走出丛林来到空地时，没有一根枝条折裂，没有一片树叶摇晃。它一动不动，耸立如一座灰色的山。它的腿像树干，耳朵像两张帆，强壮的象牙又弯又长。它能用象鼻将整棵灌木连根拔起，塞进嘴里，慢慢咀嚼。

象是如此强大，以至于它在丛林中谁也不用怕。

蟒蛇

一棵很老很老的树矗立在空地上。树根从地里探出，粗壮的树枝扭曲交错。其中一根像蛇一样盘绕在树干上。哎呀，那就是一条蛇，一条可怕的大蟒蛇！

小心翼翼地从这里经过的鹿，地上匆匆走过的小动物，在附近树枝上休息片刻的鸟儿——所有这些都将成为目标。蟒蛇首先将猎物盘绕制服，然后吞噬。

凤头鹦鹉

凤头鹦鹉栖息在林中的一根树枝上，梳弄着自己的冠子，把它像扇子一样折叠和展开。这种鹦鹉非常善于模仿各种声音。突然间，它会像灌木丛中的野猪一样咕哝，像窝里的野兽一样咆哮，或者像反舌鸟一样鸣叫。

它也可以被教会说俄语、法语或任何其他语言。但是，当然，它不会真的知道自己在说什么。

我曾经见识过一只会唱歌的凤头鹦鹉。

河马

河马几乎不能用它粗短的腿走路。它身上的脂肪在摇晃。它太贪心了，会吃掉一整片草地，吃不完的它也会压扁。吃完这顿大餐后，它就到河里打个盹，泡在温暖的水中，仿佛那是最柔软的羽绒被。休息好了，它开始玩耍。在水中一点儿也不笨拙。它游来游去，潜入水底寻找杂草，时不时张开它那张手提箱般的大嘴，发出嘶叫声——一种需要十匹马才能发出来的声音。

红毛猩猩

红毛猩猩是一种有着红棕色毛发的类人猿。在马来语中，红毛猩猩这个词的意思是“森林人”。马来人有一个关于红毛猩猩的传说：

从前，它是一个人，住在一个村庄里。但它不想干活，就跑到丛林里，住在树上。它全身都长出红色的毛发，变成了一只猿猴。

猴子

这些有趣、快乐的小动物长着布满皱纹的小脸，就像老妇人一样。黑色的小手也很像人类。它们的脚，实际上是另一双手，也长着修长的手指而非脚趾。它们用这些手挠痒、抓东西、打架。它们一整天都在树上穿梭、尖叫、打斗，从一根树枝跳到另一根树枝。农民害怕这些猴子偷袭他们的菜地。对于这群快乐而喧闹的猴子来说，吃掉这些作物，不如拔起来扔得到处都是有趣。

鳄鱼

鳄鱼喜欢在温暖的浅水中晒太阳。它静悄悄地躺着，长满尖牙的嘴巴紧闭。尾巴从不动弹，中间还有个梳子状长条。乍一看，你会认为它只是泡在水中的一段朽木，而不是活生生的猛兽。

它在等待午餐。只要一只斑马或羚羊来到水边，它便会用强壮的尾巴迅速击倒猎物，用锋利的牙齿将其咬住，然后拖到河底。

海象

海象就像一个装满脂肪的大皮包。

它有一把浓密短硬的小胡子和两根长长的獠牙。腿的末端是鳍而不是脚，可以当作桨来使用。

它深深潜入水中，搜寻泥沙中的贝类为食。它偶尔也吃植物，比如在海底吃草，如同牛在草地上吃草一样。吃饱后浮出水面，将獠牙戳进海岸或浮冰的边缘，拉着自己从水中爬出来，躺在石头上休息。

北极熊

北极熊是天生的流浪汉。它厚厚的皮毛不会湿透，它的外衣如此温暖，以至于根本不在乎冬天有多冷、风雪有多狂、海水有多凉。

它踏着冰雪寻找食物。它抓到一条鱼或一只小海象后，会很快吃掉，然后马上在冰上睡觉。醒来以后，它又觉得饿了，于是再次出发，边看边嗅，想抓些东西来充饥。

北极熊善于奔跑、善于潜水，也善于游泳。它从来不会饿太久——总能找到些东西吃。

犀牛

树木颤抖摇晃，树枝噼啪作响，犀牛在丛林中一路摧枯拉朽地闯过来。刺芒、荆棘、树桩和坚硬的树枝都不能伤害它，因为它的皮肤像盔甲一样厚密而结实：长矛会被弹开，箭会被折断，只有步枪射出的子弹才能穿透。

犀牛的鼻子上有一只直立的大角。它眼睛很小，视力不好。它从不停下来思考，无论遇到谁，总是立刻冲撞过去。

它是一只暴躁而多疑的野兽。

驯鹿

在遥远的北方，夏天是一个非常非常短暂的季节，其余时间都是冰天雪地。牛和马无法生存，因为冬天没有干草可以吃。只有驯鹿才能在那里生活。它用蹄子刨开雪地，给自己弄些冰岛苔藓吃。在遥远的北方，谁给人们提供奶和肉？ 驯鹿。谁为人们拉雪橇？ 驯鹿。

如果没有驯鹿，人们就无法在遥远的北方生活。

森林动物

獾

春天来了，雪融化了，獾从它漂亮、干燥的洞穴里爬出来。它还没有完全清醒。像熊一样，它整个冬天都在睡觉。它身体两侧的皮毛已经板结。它是一个气喘吁吁、弱视、毛茸茸的动物。

现在它做了个尽情的伸展运动，让自己恢复活力。

它捕猎青蛙，刨开树根下的苔藓寻找甲虫。吃饱喝足后，它就回到自己的洞穴。

松鼠

如果松鼠要改变一下口味，取代松果的最佳食物就是蘑菇。松鼠想吃蘑菇时，就会从树枝上跳下来，落到地面上。

亲爱的松鼠，你知道如何分辨好蘑菇和坏蘑菇吗？ 无论如何，都要提醒你注意，不要吃那些顶上长着白点的漂亮红蘑菇，它们被称为毒蝇伞，毒性很强。

鹤

鹤栖息在沼泽地，喜欢到长满苔藓的小丘上睡觉，醒来时用喙抚平羽毛，放开最大的声音喊着“克鲁——克鲁”。

它飞到豌豆成熟的地方，啄上几粒。这是美味的早餐。随后，鹤飞到河边喝水，看看自己的倒影。天啊，它长得真帅！长长的腿，细细的脖子！它张开翅膀跳一会儿舞，踢脚踏步，翩跹回翔，然后对着镜子般的水面梳妆。

野猪

野猪在树林里跑来跑去，咕咕哝哝、呼呼哧哧地捡橡子，用长长的鼻子在地上挖掘，用弯曲的獠牙撕开树根来寻找食物。

凭借锋利而强壮的獠牙，它可以伐断一棵树，或杀死一匹狼。连熊都害怕野猪。

猞猁

这只“野猫”和大狗一样高。它有一条短尾巴，一对毛茸茸的耳朵，黄褐色的皮毛上布满斑点。在黑暗的森林里，猞猁会选一根靠近路边的粗大树枝，静静趴在上面以逸待劳，随时准备扑向它的猎物。

熊

熊爱吃甜食。瞧，它来了，正在吃树莓。它一顿大嚼，咂巴着嘴，高兴地发出咕噜声。它没有一颗颗地摘取浆果，而是把整株灌木都舔舐（shì）干净。

天哪，你可真是一只贪吃的熊！ 一个饕餮（tāo tiè）之徒——这就是你。注意不要吃得太多而肚子疼。

狐狸

冬天，狐狸捕食田鼠。在这里，它爬上一个树桩，可以看得更远，并用心观察和倾听，不漏过田鼠在雪中最轻微的动作或最细小的叫声。

野兔

野兔的毛皮非常暖和、非常洁白，可以保护它免受严寒和猎人的伤害。你在雪地里看不到它；当你还在疑惑不定的时候，它已经跑掉了。

在冬天，野兔只能吃它从灌木上剥下的苦树皮。夏天食物丰盛，有甜美的三叶草、猫尾草，还有很多饱含蜜糖的花。

所以，请远离我们的菜园，不要啃我们的卷心菜和胡萝卜！

猫头鹰

猫头鹰羽毛柔软，扇动翅膀时不发出声音。它有锋利、带钩的爪子，一旦抓住一只老鼠、一只松鼠或一只困倦的小鸟，受害者就无处可逃。猫头鹰晚上捕食，白天睡觉。

两只山雀在树林里嬉戏飞翔，突然，它们看到了一只猫头鹰。山雀发出一阵惊叫："大家注意！它来了，那个鼓眼睛的强盗，它来了！"

刺猬

孩子们在树林里采蘑菇，发现灌木丛中有一只刺猬。它吓得蜷缩成一团，因为浑身都是刺，孩子们无法用手去触摸它。有个伙伴拿自己的帽子把它裹起来，然后带回家。

孩子们把刺猬放到厨房的地板上，在它面前摆了一碟牛奶。刺猬蜷成一团，纹丝不动。它就这样待了一个多小时。终于，它那黑色的小鼻头从尖刺中露出来，抽动了一下。嗯——闻着真香！它挺直身子，舔了舔牛奶，喝够了又蜷缩起来。

这时候，孩子们忙着做别的事情，而刺猬趁无人看管，跑回了树林。

毒蛇

阳光一天天变暖了，毒蛇从冰冷的树根和苔藓下爬出来，舒展身体卧在树桩上。这种蛇有毒牙，能一口咬死猎物，然后把它吞下。

孩子们，不要赤脚在树林里奔跑，因为你可能会被毒蛇咬伤，很长时间卧床不起。

啄木鸟

谁能在树林里这样敲鼓？那个鼓手会是谁？它就在那儿，你可以看到它杂色的羽毛和红色的帽子。怎么，没看见它就在那松树上吗？它跳起来，用爪子抓住树皮，用尾巴推动自己向上。

此刻，它在树皮下发现了一条虫子，就开始用喙咚咚咚地敲击。它捉到了虫子，吃掉虫子，把身子撑向更高处，再啄一通。然后，它飞到另一棵树上，又开始咚咚咚地敲击。

黑琴鸡

这真是一只俊鸟。几乎全身黑色，有着鲜红的“眉毛”。短腿上长满了羽毛，仿佛穿着茸茸的靴子给双脚保暖。

冬天，黑琴鸡坐在桦树上啄食花穗。到了睡觉时间，它就一头栽到雪地里，扭动身体，弄出一个形状合适的凹坑，然后在里面睡上整夜。

春天，黑琴鸡聚集在森林空地上度过交配期。它们互相跳到对方身上，打斗、歌唱，焕发出全部的生命活力。

狼

危险！危险！谁都处于危险之中——无论羊羔还是绵羊，猪崽还是大猪，牛犊还是奶牛，马驹还是大马。

狼正在四处觅食。

村里的狗开始发出愤怒而警惕的吠声。

农场的看守为猎枪装上子弹。

现在处于危险中的是狼了！

庭院动物

狗

沙里克的毛皮又厚又暖，所以无论冬天还是夏天，它都住在户外。狗窝里没有暖气，只铺一些稻草。沙里克是农场的看门狗，它的工作是防止小偷潜入。农民们非常喜欢它，给它最好的东西吃。

猫

猫咪在地窖里捉到了一只老鼠，为此女主人奖给它一些奶油。猫咪坐在它的小地毯上，高兴得喵呜喵呜叫。

小猫咪并不满足于坐着喵喵叫，开始玩起了自娱自乐的游戏——捉自己的尾巴。它呜呜叫着，对假想中的敌人怒目而视。

兔

这是一只兔妈妈和它的双胞胎。小兔们也长着长耳朵、短尾巴、圆眼睛，像妈妈一样吃草。它们的一举一动都像妈妈。瞧那只小兔子吃草：整张脸都投入了运动，鼻子在抽搐，草叶渐渐在嘴里消失了。它会先吃完一根，然后再吃另一根。

我要给每只小兔一根胡萝卜、一片卷心菜叶和一块面包，让它们细细品尝。

猪

看这位，真是一头肮脏的猪！ 在泥浆里打滚，在污水坑里洗澡！

“做个好姑娘吧！ 到河边去，洗掉你鼻子上和身上的尘垢。你不干？ 那就回猪圈，人们会给你好好清洗，让你像一朵雏菊！”

“呼噜——呼噜，我可不想当雏菊！”

骆驼

它的驼峰上一直背着沉重的货物，长途跋涉，穿越草原。现在人们终于把它带回家了。它极度疲劳，瘦掉很多肉，正在休息。它蜷曲着四条腿，慢慢咀嚼着麦秸和稻草。请注意，现在可别逗它，否则它会发怒，并朝你喷吐口水。

奶牛

那是我们的奶牛，站在绿草地中间，咀嚼着胃里返回的食物。它有弯曲的角、硕大的身躯，乳房中充满了牛奶。

告诉我们，你最爱吃什么？纯净的青草还是漂亮的花朵？你想要雏菊、矢车菊、勿忘我、康乃馨还是风信子？

你必须吃最好的，这样牛奶才会更香甜。挤奶姑娘马上就要来了。你能给我们一桶甜美的牛奶吗？

鸭

鸭整天在池塘里潜水和游泳，用喙来清洁和打理羽毛。它时不时地看看水中的自己，然后嘎嘎地说：“我多么漂亮啊！ 嘎嘎！”

鸡

母鸡带着它的一窝小鸡在院子里走来走去。突然，下雨了。它迅速蹲在地上，把全身的羽毛奓（zhà）起来，咯咯地叫着，呼唤孩子们过来躲雨。小鸡们都跑过来，钻到妈妈翅膀下，缩进它温暖的羽毛里。因为没有足够的空间容纳所有鸡宝宝，一只小鸡的腿留在外面，另一只小鸡的头伸了出来。

两只顽皮的小鸡在妈妈召唤时没有赶过来，此刻站在雨中瑟瑟发抖，搞不清是什么东西正砸在它们头上！

马

这是一匹小马，在草地上自由奔跑，快乐地嘶鸣，马蹄刨着地面。它还从来没有佩戴过马鞍，或者被装上挽具、套上马车。集体农庄是它的家。

小马在那里被养大。它未来的主人是一名军队指挥官。

这匹小马很幸运，因为它不必去拉沉重的马车，而是会驮着主人，带领队伍冲锋陷阵。

羊

这不是一只普通的羊，它属于很名贵的良种。羊毛又厚又细，适合用来编织手套、毛衣和袜子。我们所有的衣服都能用这种羊毛制成，毡靴也可以。集体农场拥有成群的这种羊。

山羊

它正沿着乡村小路匆匆赶回家，它知道晚餐已经准备好了，正等着它享用。但如果女主人不够利索，它也能照料好自己：它会在厨房里啃扫帚，揪一块面包尝尝，去菜地里吃幼秧嫩芽，或者到花园里啃苹果树皮——它就是这样顽皮淘气！

不过它的奶确实甜美。我敢说，比起牛奶，我更喜爱羊奶。

火鸡

火鸡在院子里昂首阔步、目空一切，对谁都没有好气。它的翅膀沿着地面扫过，尾巴呈扇形张开。

孩子们有时逗弄它。这会让它更恼火，发出一连串骂骂咧咧的叽里咕噜声。

鹅

它游完泳后，想吃早餐了。鹅，鹅，如果你能乖一点儿，我会给你一些好吃的——松软的白面包和美味的坚果。只是请你别再咬我了！

驴

为了让驴开心，主人把它拴在牛蒡地里，牛蒡是它最喜欢的食物。驴已经吃光了周围所有的牛蒡，但最好的牛蒡却够不着，因为拴它的绳子太短了。

驴开始用它那刺耳的、嘹亮的嗓门大声嘶鸣，五英里外都能听见，叫来自己的主人，把宝贝驴子的位置挪一挪。

野生动物的保护色

[苏] 格纳迪 · 斯内吉里耶夫 / 著
[苏] V. 费多托夫 / 绘

你走在树林里，只听到沙沙声和唧唧声。但有许多看不见的眼睛在注视你、耳朵在倾听你。你看不到任何动物，可它们就近在眼前。那么，为什么你看不见它们呢？

读完这本书，看看里面的图，你就会发现其中的奥秘。

雪兔

雪兔有很多敌人。其中包括狐狸、狼和猎狗。

但雪兔仍然到处存在，因为夏天里，雪兔是灰褐色的，冬天变成白色的。

第一场雪下过，雪兔就会脱下灰褐色的皮毛，变得像雪球一样洁白。在白雪皑皑的原野里，狐狸找不到雪兔。狐狸还没来得及认清雪兔足迹的方向，它已经在另一片丛林里啃着小白杨了。

有时雪兔会真的遇到麻烦。冬天来了，雪也下了，但突然天气转暖，冰雪消融。于是，在黑色的田野上，从大老远就能看到雪兔。所以它必须躲进树丛里，等待暴风雪再次为大地披上银装。

柳雷鸟

柳雷鸟生活在北方平原。在冬天，你会看到它们从树枝上跳下来，把自己埋进雪里。它们在树上啄食胚芽，在雪中觅食冰冻的浆果，寻找暴风雪中的庇护所。冬天的柳雷鸟全身雪白，除了眉毛是鲜红的，就像两颗压瘪的小红莓。

当春回大地，暖风吹拂，冰雪开始消融。大雁越过北部平原，飞到北冰洋海岸，柳雷鸟也会装扮一新。它的颈部和胸部变成了锈红色，就像小山丘上的老草。雄鸟蹲在较大的土岗上，发出“卡瓦拉——卡瓦拉——科卡”的鸣叫声，意思是“不要靠近我的房子”。如果有对手光临，就会发生一场恶斗。两只鸟尾羽倒竖，直扑对方，在半空相撞，羽毛四处纷飞。

到了夏天，柳雷鸟再换新装。北部平原上的花朵盛开，苔藓斑驳、百草丰茂，一幅五彩缤纷的景象。柳雷鸟的穿着打扮，正是同样的颜色。

柳雷鸟有三套衣裳：春天一套，夏天一套，秋冬一套。每一套都起保护作用。只有当你很靠近柳雷鸟时，你才能够看得见它。

松鸡

松鸡长着红棕色的斑点。猎人知道很难发现它。你能听到它在头顶上啾啁，但无法在树叶中间找到它。如果地上有一只小松鸡，也是不可能看见的。小松鸡的整个背上布满了条纹。它平卧在树叶间，闭上眼睛，像一只鸟，又像一片树叶。它一动不动，直到你离开。

这时候，松鸡妈妈轻轻打一声口哨，小松鸡听到召唤后会立即扑向它的身边。

小松鸡藏起来的时候，即使是狐狸也找不到。

麻鳽

麻鳽（jiān）是一类夜间活动的鸟。暮色降临，它便涉过芦苇沼泽，去寻觅小鱼、青蛙和水虫；白天，它用单腿直立在芦苇丛中，羽毛竖起，静候夜晚到来。

麻鳽平日里会受到鹰或鹞的攻击，狐狸也可能来偷袭。它不喜欢飞，通常躲在芦苇荡里。如果你发现了这只麻鳽并悄悄靠近，它不会像其他鸟那样飞走，而会把羽毛收得更紧，脖子伸长，变得非常细。你甚至可以把它的脖子拉过来，放手后它又摆回去。这种麻鳽看起来就像秋冬季节的棕色芦苇。

在春天的夜晚，麻鳽唱着自己的歌。它把嘴伸进水里，不断吹气。邻近的村子都能听到它沉闷的吼叫声。因此，俄罗斯人称其为“水牛”。

乌苏里虎

很久以前，在现在的苏联远东地区，天气像是热带丛林。

当气候变冷时，所有的动物都去了南方，但乌苏里虎（东北虎）留下了。在乌苏里森林的白雪背景下，它像火焰一样醒目。为此，它在夜幕降临时才出来寻食，这样就不易被发现。

到了夏季，乌苏里虎又在白天捕猎了。

它躲在水塘边的芦苇丛里，等待鹿来喝水，然后发起攻击。芦苇掩护了老虎，因为它的皮毛布满条纹，很难说哪里是虎纹，哪里是芦苇。这就是大自然赋予它一身条纹的原因。

它知道自己在夏天是不容易被看到的。所以它敢靠近人们居住的地方去偷袭家犬。如果猎人在芦苇中跟踪它，它就会像猫一样绕着圈子，跟在猎人后面。

矶鹬

海滩上有许多鹅卵石，光滑圆润，色彩鲜艳。有红色的，也有全白的。

所有的鸟都需要筑巢，但矶鹬（yù）把蛋产在鹅卵石中。你很难分清哪是鹅卵石，哪是蛋。

如果你沿着海滩走，就可以不断看到矶鹬疾飞而过，听到它们焦虑的鸣叫。你不知道发生了什么事。

但两周后，蛋孵化出来了，幼矶鹬站在那里，像一个羽毛的小球，安放在长长的腿上。现在你根本看不见它们，因为它们的颜色就像海滩上鲜亮的鹅卵石一样。你无从分辨哪是鹅卵石，哪是幼矶鹬。

海马

海马生活在海岸附近的海草中。它用尾巴把自己卷缠在一根海草上，随着潮水一起颠来簸去。

当阳光照射到水中时，海草就变绿了，海马也变绿了。当夕阳西下时，海草变成棕色，海马也随之变成棕色。即使你很专注用心，也无法在海草中看到海马。

春天里，海水变暖，海马开始产卵。海马爸爸把卵藏在肚子上的一个小口袋里。这个时候，天敌鱼类看不见海马，它不仅在保护自己，同时也在保护着卵。海马爸爸就这样把卵捂在口袋里，直到小海马孵化成功，并学会用尾巴把自己卷缠在海草上，随着潮汐颠来簸去。

比目鱼

在大海里，鱼也会伪装自己。让我告诉你比目鱼的故事。这种鱼圆圆的，像煎饼一样平平的；它的眼睛长在后脑勺上，这样就能看到捕食它的鱼。

天敌们很难找到比目鱼。比如狼鱼会从比目鱼上方游过而没有发现它的存在，因为海底的沙子是黄色的，比目鱼也一样。当比目鱼在海床的岩石间寻找食物时，石头是灰色，它也会变成灰色。

曾有人做过一个试验，在比目鱼的鱼缸里放一个棋盘。比目鱼稍加“思索”，马上改变了自己的颜色，看起来活像一个棋盘。

商店里出售的比目鱼常常颜色不同，因为它们是在不同的地方捕获的。如果比目鱼是黄色的，就是在沙滩上被捉到的。如果是棕色的，便来自有石头的地方。比目鱼就是这样自我伪装的。

这些也都是具有保护色的动物

树蛙

螳螂

雪鹀（wú）

枯叶蛱蝶

海龙

你走在树林里，只听到沙沙声和唧唧声，看不到任何动物。但有许多看不见的眼睛在注视你，耳朵在倾听你。

野生动物的保护色，使它们免于遭受天敌的伤害。

不用工具的建筑师

[苏] 维塔利·比安基 / 著
[苏] V. 费多托夫 / 绘

请帮我解开一个谜：“有只鸟建造了一座小木屋。可它既没有手，也没有小斧头。但这些都难不倒它。”

它建造了一座什么样的房子呢？

哎呀，是一个鸟巢！

我仔细看看，深信不疑，这是喜鹊的窝，一座用干树枝搭起的小木屋。地面用泥土填实，上面撒满稻草！

鸟巢中央有一个入口。屋顶用细小的树枝做成。一座真正的小木屋！ 至于小斧头，喜鹊从来没碰过。

我为鸟儿感到担忧。对它们来说，在没有工具和手的情况下建造一个家，该有多么困难哪！我开始考虑，怎样才能让它们活得容易些。

我不能送给它们一双手，这毫无疑问。但斧头呢？ 我可以给它们找一把小巧的。

我真的找到了一把小斧头，跑回花园。

我坐在地上的草丛中，看见了夜莺。

“夜莺，夜莺，你没有手又没有斧头，做起窝来会很辛苦吧？”

“哦，我不做窝”，夜莺说，“这只是我孵蛋的地方。”

夜莺飞去了，在草木丛中的一个洞里，躺着两枚可爱的、有着大理石纹路的蛋。

“原来是这样”，我想，“它根本不需要用手和小斧头”。

我继续走着，来到小河边，看见柳山雀正在青枝绿叶间忙碌，用它那漂亮的小尖嘴从柳树上采撷柳絮。

我问它：“柳山雀，你要这些柳絮做什么？”

“我用它来做窝呀！”柳山雀回答，“我的窝像你的手套一样蓬松和柔软。”

“那好，”我自言自语说，“你也不需要用斧头来收集柳絮。”

于是我再往前走。

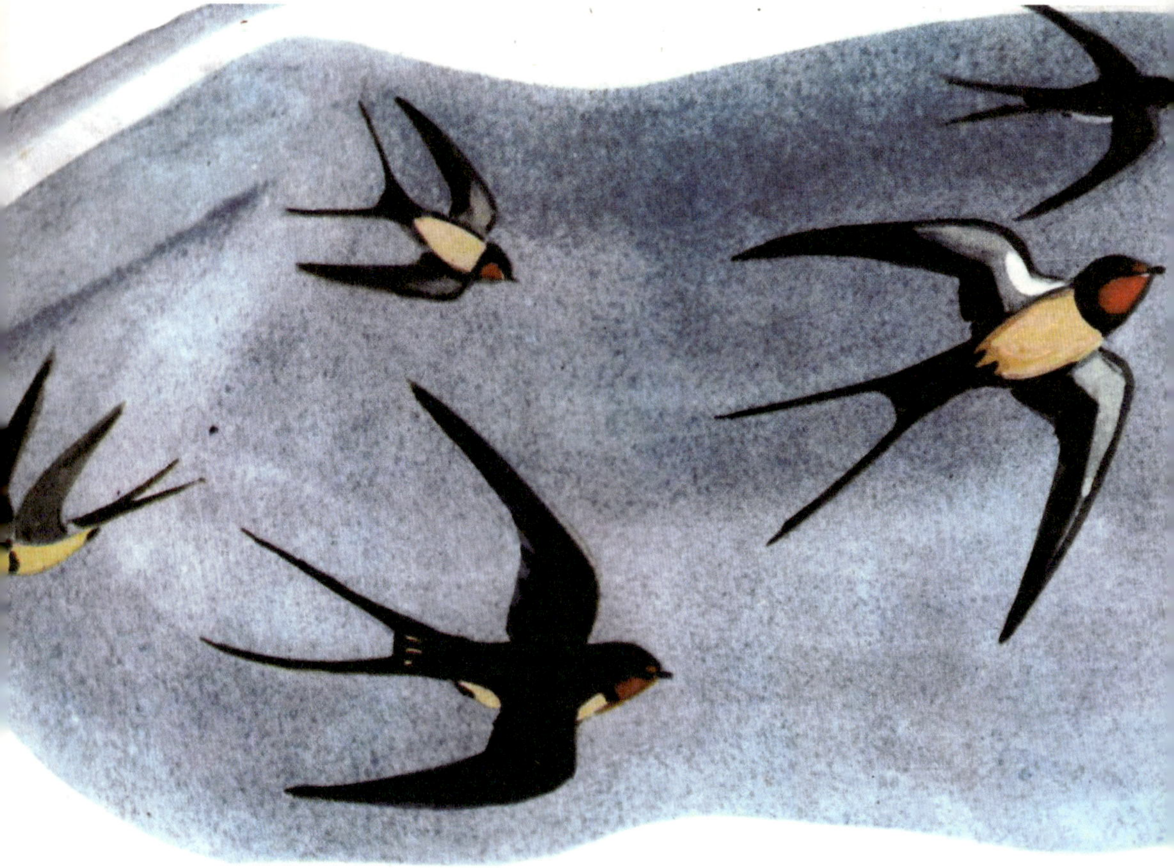

我来到一所房子前，看见了燕子，它正在屋檐下忙得不亦乐乎——忙着用泥土做窝。它从溪流的岸边用嘴挖出软泥，再衔回来，然后用嘴把泥东涂西抹。

“哦，”我心想，“我的小斧头在这里显然派不上用场，也没有必要拿给燕子看。”

于是我不辞而别。

我来到一片树林。抬头望去，在一棵天山云杉上看到了欧歌鸫的窝。毫无疑问，这个鸟巢实在太招人喜爱了：外面覆盖着绿色的苔藓，里面像杯子一样光洁。

“你拿什么造出了这么漂亮的窝？”我问它，“请告诉我，你是用什么材料做的内层？”

“我靠爪子和喙来做窝，”欧歌鸫说，“我用嘴把木头啄成细屑，和进泥浆后涂抹衬里。”

又没对上号。“哦，好吧！”我想，“我来错了地方，我必须找到一只鸟，它正打算去做木工活。”

这时，我听到有谁在树林里发出响声：“嗒——嗒——嗒。”

我朝那边走去，看到了啄木鸟。它抓住一棵桦树的树皮，像个小木匠，正在凿一个洞，来安顿它的孩子们，让它们栖身长大。

“啄木鸟，啄木鸟，别敲了。你一定震得头疼。瞧我给你带来了一件多么好的礼物——一把真正的小斧头！”

啄木鸟看看斧头说：“谢谢你的关心，但斧头对我没有用。我喜欢用喙工作。看！我用爪子抓稳，用尾巴支撑，然后把身体像弹簧一样弯曲，把头向后仰。啪，啪！瞧瞧我的喙多么强劲有力，瞧瞧我怎样啄得木屑四溅！”

啄木鸟让我觉得自己很傻。看来所有的鸟都是不用工具的建筑师。

最后我看到了鹰巢，坐落在林里最高的松树上，由一大堆粗壮的树枝构成。

“找对了，”我想，“这是个需要用斧头来砍树枝的主。”我走到松树边喊道：“老鹰，老鹰，我给你带来了一把小斧头！”

老鹰展开双翼说：“谢谢你，我的孩子！把它扔到我的窝里吧！我要把更多树枝堆在上面，让我的窝空前坚固。那将是一个绝好的鹰巢！”

海洋巨无霸

[苏] 谢尔盖 · 尤纳托夫 / 著

[苏] A. 克列尼科夫 / 绘

海洋里的水是咸的。每个人都知道。此外，海水密度较大。在这样的水中游泳比在淡水中更容易。这就是为什么，巨大的动物可以生活在海洋里——它们不需要花费很多能量在水中移动。陆地上则没有这样的“巨无霸”。

本书将对它们的风采略窥一斑。

章鱼

我们最简单的池塘蜗牛，在海洋中也有亲戚。其中就包括巨大的头足类动物——章鱼。

当然，称它们为“暴徒”更准确。毕竟，从它们头部长出来的根本不是腿，而是“手臂”。章鱼靠着这些触腕，来捕捉甲壳类动物、小鱼和其他海洋动物。它们游泳时，就把所有的触腕收缩起来。

一只大章鱼有的触腕，可以同时“拥抱”十到十二个人。

章鱼就能有这么大！

章鱼将自己打扮得模糊不清、难以察觉。呈灰绿色，有时是黄色。当章鱼出动捕猎时，它躺在沙质的海底，颜色泛黄，像沙子一样。

螃蟹从它们的庇护所出来了。它们根本没有看到章鱼，于是靠近它，甚至爬到它身上。

这正是章鱼所期待的。它立刻用八只触腕同时抓住了三只螃蟹，享用它最喜欢的食物！

章鱼通常藏在海藻里，这时会变成绿色。

瞧，它来了！

巨鲨

鲨鱼各不相同。有侏儒鲨，比铅笔稍稍长一点儿。它们的体重也很轻，只有 200 克左右。而巨型鲨鱼可以长达 20 米，重 20 吨！

它们有两种类型：一种叫鲸鲨，另一种是其他滤食性巨大鲨鱼。

巨鲨尽管体态庞大，却性情安静。与其他鲨鱼不同，它们不是掠食者，不攻击大型动物——鱼、章鱼、海豹和海豚。当然，也不会攻击人类。

这种鲨鱼有一张巨大的嘴，从耳朵到耳朵，或者更确切地说，从眼睛到眼睛。巨型鲨鱼的嘴里可以装下四到五个成年人。但它们的牙齿非常小，一点儿也不像其他鲨鱼。这两种巨鲨都以最小的甲壳类动物、软体动物和小鱼等为食。

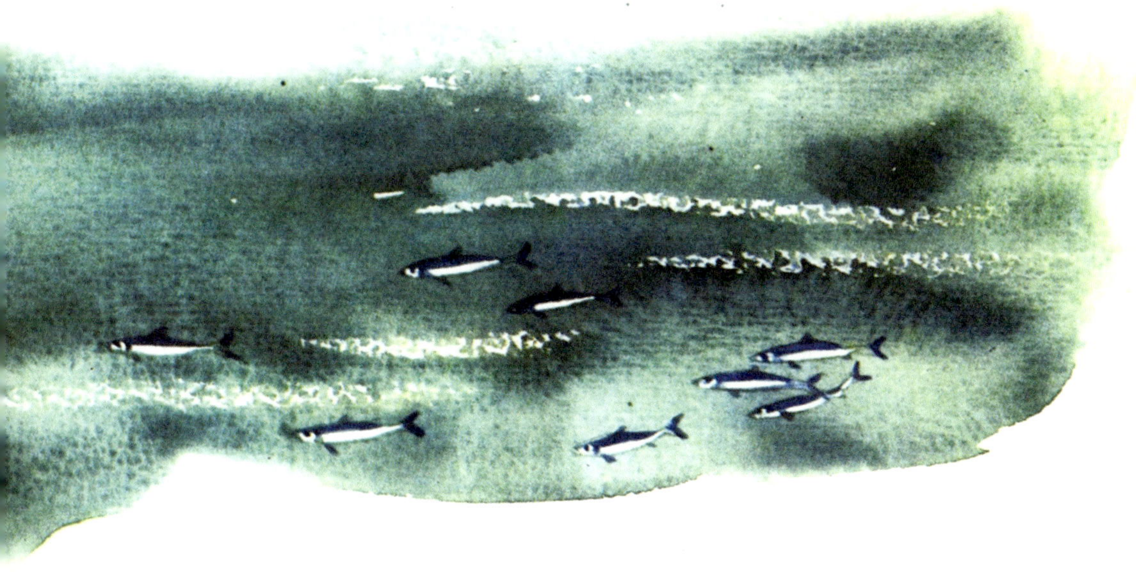

抹香鲸

喷泉出现在海面上。这是一头巨大的鲸——一二十米长的抹香鲸，它从唯一的喷水孔里冒出喷泉。这就是它的呼吸方式：在水面上用力呼出空气，形成一道低矮的喷泉；接着它深深地吸一口新鲜空气，然后潜入水下，维持一小时甚至一个半小时！

抹香鲸能潜到非常深的地方——超过1000米。它在那里捕食乌贼和深海鱼类。

饱餐一顿后，便匆匆浮出水面——为了呼吸……它不像鱼那样有鳃。毕竟，鲸不是鱼，而是哺乳动物。

有时鲸妈妈游了很长一段时间，开始产下幼崽。它会给小鲸喂奶，就像猫、狗、牛、马、狮子、大象、猴子和所有其他哺乳动物一样。

一头小抹香鲸每天要喝200升奶，差不多有20桶了！这就是为什么它长得很快。幼鲸每天增加30甚至50千克！成年抹香鲸每天要吃2~3吨的鱼类，它的体重可达100吨！

在所有的齿鲸中，抹香鲸是最大的。一个真正的巨无霸！

蓝鲸

在海洋中，有巨大的须鲸。它们根本没有牙齿。不过，它们的上颌长着“胡须”！

这就是它们被称为须鲸的原因。这些“胡须”与猫或狗等其他动物的胡须大不相同。

鲸的“胡须”是宽的三角形板块，上面满是又长又细的刚毛。它们紧密地交织在一起，形成一个密密麻麻的筛子。

当须鲸在水下游泳时，它张开大嘴，水通过“筛子”排出，所有的小甲壳类动物都留在“胡须”的毛刷上，然后被它吞下。

这就是须鲸的进食方式。

一些须鲸也被称为条纹鲸。情况是这样的：它们的喉咙和腹部有厚厚的皮肤褶皱；当鲸鱼快速向前游动时，水沿着这些褶皱流下来，就像水道一样。

海里生活着五种不同种类的条纹鲸，其中最大的叫蓝鲸。

根据测量和称重，历史上捕获的最大一头蓝鲸重 160 吨、长 33 米。

这意味着，如果这头鲸以尾巴为脚站立起来，它的身材将比十层的楼房还高。

一条多么硕大无朋的巨鲸啊！